U0274335

上海市工程建设规范

城镇燃气用户端安全技术标准

Technical standard for safety of city gas user side

DG/TJ 08—2447—2024

J17669—2024

主编单位:上海市燃气管理事务中心
　　　　　上海市燃气设备计量检测中心有限公司
　　　　　上海燃气有限公司
批准部门:上海市住房和城乡建设管理委员会
施行日期:2024 年 12 月 1 日

同济大学出版社

2024　上海

图书在版编目(CIP)数据

城镇燃气用户端安全技术标准／上海市燃气管理事务中心，上海市燃气设备计量检测中心有限公司，上海燃气有限公司主编. -- 上海：同济大学出版社，2024.
10. -- ISBN 978-7-5765-1335-6

Ⅰ. TU996.9-65

中国国家版本馆 CIP 数据核字第 20242W5E75 号

城镇燃气用户端安全技术标准

上海市燃气管理事务中心
上海市燃气设备计量检测中心有限公司　**主编**
上海燃气有限公司

责任编辑　朱　勇
责任校对　徐春莲
封面设计　陈益平

出版发行　同济大学出版社　　www.tongjipress.com.cn
　　　　　(地址：上海市四平路1239号　邮编：200092　电话：021-65985622)

经　　销　全国各地新华书店
印　　刷　浦江求真印务有限公司
开　　本　889mm×1194mm　1/32
印　　张　2.125
字　　数　53 000
版　　次　2024年10月第1版
印　　次　2024年10月第1次印刷
书　　号　ISBN 978-7-5765-1335-6
定　　价　30.00元

上海市住房和城乡建设管理委员会文件

沪建标定〔2024〕289 号

上海市住房和城乡建设管理委员会关于批准《城镇燃气用户端安全技术标准》为上海市工程建设规范的通知

各有关单位：

由上海市燃气管理事务中心、上海市燃气设备计量检测中心有限公司和上海燃气有限公司主编的《城镇燃气用户端安全技术标准》，经我委审核，现批准为上海市工程建设规范，统一编号为DG/TJ 08—2447—2024，自 2024 年 12 月 1 日起实施。

本标准由上海市住房和城乡建设管理委员会负责管理，上海市燃气管理事务中心负责解释。

上海市住房和城乡建设管理委员会

2024 年 6 月 11 日

前　言

根据上海市住房和城乡建设管理委员会《关于印发〈2022 年上海市工程建设规范、建筑标准设计编制计划〉的通知》（沪建标定〔2021〕829 号）的要求，由上海市燃气管理事务中心、上海市燃气设备计量检测中心有限公司和上海燃气有限公司会同有关单位，组织编制《城镇燃气用户端安全技术标准》。编制组结合上海市经济社会特点，总结上海市城镇燃气安全管理实践经验，参考国内外相关标准，广泛征求意见，经过反复讨论，形成本标准。

本标准的主要内容有：总则；术语；基本规定；材料与设备的选型；系统设计；安装施工；特殊要求。

各单位及相关人员在执行本标准过程中，如有意见和建议，请反馈至上海市住房和城乡建设管理委员会（地址：上海市大沽路 100 号；邮编：200003；E-mail：shjsbzgl@163.com），上海市燃气管理事务中心（地址：上海市徐家汇路 579 号；邮编：200023；E-mail：10180112@qq.com），上海市建筑建材业市场管理总站（地址：上海市小木桥路 683 号；邮编：200032；E-mail：shgcbz@163.com），以供今后修订时参考。

主 编 单 位：上海市燃气管理事务中心

上海市燃气设备计量检测中心有限公司

上海燃气有限公司

参 编 单 位：上海能源建设工程设计研究有限公司

浙江威星智能仪表股份有限公司

浙江松川仪表科技股份有限公司

上海林内有限公司

上海亮茂不锈钢设备有限公司

主要起草人：莫　非　　陆　奇　　杨雪峰　　陈　超　　杨连青
　　　　　　郑再峰　　胡　瑛　　张一心　　方淑芬　　刘　峰
　　　　　　方　炯　　李福增　　徐蔚春　　杨自然　　汪　铎
　　　　　　施健辉　　张　超　　徐　诚　　曾祥福　　何威迪
　　　　　　汪永志　　陶祉敏　　杨文柱　　卢振鹏　　顾瑞彦
　　　　　　顾晓宇　　金　芳　　王苏风　　陈琼琰　　焦　琳
　　　　　　钱　斌
主要审查人：王　启　　刘　军　　刘　毅　　宋广斌　　孙殳峰
　　　　　　苏屹巍　　王岳俏

上海市建筑建材业市场管理总站

目　次

Contents

1 总　则

1.0.1　为了防止燃气使用过程中可能产生的事故和危害，提高城镇燃气用户端安全水平，降低安全风险，正确贯彻实施现行国家标准《燃气工程项目规范》GB 55009，制定本标准。

1.0.2　本标准适用于城镇燃气家庭和商业用户新建、改建、扩建燃气工程的设计、设备选型、施工安装中涉及安全的技术要求。本标准不适用于工业生产型燃气用户和移动的用气场所。

1.0.3　城镇燃气用户端的整体安全保障应符合下列原则：

　　1　应涵盖燃气使用空间内燃气输送控制、计量、燃气应用、安全监测等燃气使用各环节。

　　2　安全措施应与主体工程同时设计、同时施工、同时投入使用。

　　3　应整体设计、选型和配置燃具和用气设备，达到安全风险有效控制、经济合理。

　　4　人防、技防结合，积极采用现代信息和控制技术，智能化识别、监控和处置安全风险。

　　5　鼓励采用创新技术方法和措施，新材料、新设备、新工艺、新技术的应用应经过论证符合本标准的要求。

1.0.4　燃气工程设计、施工安装和质量验收应由具有相关资质的单位和人员进行。

1.0.5　城镇燃气用户应提高安全用气意识，规范用气行为，正确使用和保护用户端燃气设施。

1.0.6　城镇燃气用户端安全除应符合本标准外，还应符合国家、行业和本市现行有关标准的规定。

2 术 语

2.0.1 城镇燃气用户 city gas user

指使用天然气和液化石油气的家庭用户和商业用户。

2.0.2 城镇燃气用户端 city gas user side

城镇燃气用户端由燃气用户配置的燃具或用气设备以及该空间内相关的燃气供气设备、燃气管道、与燃气使用安全相关的环境设备和安全设备组成，如：燃具或用气设备、液化石油气钢瓶、燃气调压器、燃气总阀或液化石油气钢瓶到用户燃具和用气设备之间的燃气管道、管道附件、燃气计量表、排风装置、燃气泄漏报警装置、燃气切断阀等，简称用户端。不包含与建筑同时施工安装的设备及管道。

2.0.3 燃具 gas appliance

以城镇燃气作燃料的中小型燃气燃烧用具的统称，简称燃具，也称燃气燃烧器具。

2.0.4 用气设备 gas equipment

以城镇燃气作燃料进行加热或驱动的较大型燃气设备，简称用气设备。

2.0.5 用气场所 gas using place

设置燃具和用气设备的场所。

2.0.6 餐饮单位用气场所 gas using place for catering unit

餐饮行业的饭店、酒楼、餐厅以及工厂、院校、机关、部队、医院、企事业等单位食堂的厨房及用气场所。

2.0.7 小型餐饮单位用气场所 gas using place for small scale catering unit

使用的燃具为单个燃烧器额定热负荷不超过 46 kW、额定热负荷总量不超过 139 kW 且面积小于 80 m² 的餐饮单位用气场所。

2.0.8 商业用气设备用气场所 gas using place for commercial gas equipment

安装用气设备的商业用户用气场所。

3 基本规定

3.0.1 用户端配置的所有设备、管道及各种附件,包括安全装置,作为一个整体在正常使用和维护条件下应能够预防引起人身伤亡和财产损失的燃气泄漏、废气排放。

3.0.2 燃气工程选用的材料和设备,除了满足预定的功能需求外,还应满足预期的使用条件、外部环境和使用年限的安全要求。

3.0.3 燃气管道及附件、燃气计量表、燃具或用气设备之间的连接材料和结构,在正常使用条件下应能防止燃气泄漏,其强度应能保证经受可预见的正常外力时不损坏。

3.0.4 用气场所应满足燃具或用气设备的安全使用条件,包括供气、通风、排烟和周围材料的耐高温性能。

3.0.5 用户端设置燃气管道、燃具或用气设备的场所,应有足够面积的对外扩散泄漏燃气的直接自然通风开口或足够通风量的强制排气通风的设备,且没有明显的通风死角。严禁在地下室、半地下室使用液化石油气。

3.0.6 用户燃气管道设计工作年限不应小于 30 年,预埋的燃气管道与建筑设计工作年限一致。燃气管道的附件或管道上的装置的设计工作年限宜与燃气管道相同,设计工作年限小于燃气管道时应满足下列条件:

    1 有相关标准规范规定更新年限。

    2 在装置上明确标示设计工作年限,并且更换时不需拆装其他管道附件或装置。

3.0.7 在家庭用户管道燃气供气系统中应配置 1 个或多个安全装置,具备下列功能:

    1 能够自动识别燃气管道超过限定值的燃气压力或流量并

切断燃气供气。

2 能够自动或人工检查识别燃气管道的微小泄漏。

3.0.8 燃具和用气设备的适用燃气种类和设计额定压力应与用气场所供应的燃气种类和供气压力匹配。

3.0.9 燃具或用气设备使用时产生的温度不应对周围区域造成危险,除加热用途的表面和部件外,外露表面温度不应对使用者造成危害。

3.0.10 安装人员和用户不得擅自改装燃具或用气设备,必要的调整或改装应由制造商授权的人员进行操作。用户不应自行安装、增加燃具或用气设备,不应自行改动燃气管道。

3.0.11 燃气管道不得作为其他电器设备的接地线使用,不得有与带电金属接触的可能。燃气管道不得用于承重、作为支撑以及悬挂重物等其他用途。

3.0.12 同一空间不得设置或使用2种及2种以上燃气气源。

3.0.13 燃具安装完毕交付用户时,在燃具铭牌或燃具表面明显位置应标识有燃具制造单位或其售后服务单位的售后维修服务电话或信息。

4 材料与设备的选型

4.1 管道材料和规格

4.1.1 燃气管道的选型应符合下列要求：

　　1 固定敷设的燃气管道材料应按相关现行燃气工程规范选用。

　　2 工程规范未涉及的新型材料和规格，在设计选用前应进行验证，其材料耐燃气性、耐环境腐蚀性和结构强度不应低于相关工程规范规定的材料，并应在设计中对新材料和规格存在的应用风险有相应的保护措施。

4.1.2 燃气管道或液化石油气调压器与燃具、用气设备的连接软管，应符合下列要求：

　　1 应根据不同场景的连接需要，采用满足相应抗拉、抗压、抗剪切、抗老化、抗反复弯曲要求的燃气专用连接软管，使用年限不应低于连接燃具的判废年限。

　　2 软管接头的连接结构应具有足够的强度，能够承受紧固操作施加的力和不小于 500 N 的拉力，并且燃气密封结构不发生破坏，软管接头应采用螺纹或具有明确防脱落结构的连接形式。

4.1.3 燃气管道阀门应符合国家现行有关标准，并应适应使用的燃气。

4.2 液化石油气钢瓶和调压器

4.2.1 瓶装液化石油气调压器应符合现行国家标准《瓶装液化石油气调压器》GB 35844 的规定。

4.2.2 与液化石油气切断阀等其他功能组合设计的瓶装液化石油气调压器产品,其调压性能、组合体整体的结构、材料、气密性应符合现行国家标准《瓶装液化石油气调压器》GB 35844 的有关规定。

4.2.3 液化石油气钢瓶应符合现行国家标准《液化石油气钢瓶》GB 5842 的规定。钢瓶瓶阀应符合现行国家标准《液化石油气瓶阀》GB 7512、《自闭式液化石油气瓶阀》GB/T 35208 的规定。

4.2.4 用户端不得使用气液双相气瓶。

4.3 燃具和用气设备

4.3.1 燃具或用气设备的铭牌上应标识燃气类别、所用燃气额定压力或压力范围。

4.3.2 家庭用户使用管道天然气的燃具额定压力应为 2 kPa,使用液化石油气的燃具额定压力应为 2.8 kPa。商业用户的燃具额定压力宜与家用燃具相同,直接使用瓶装液化石油气的燃具额定压力应为 2.8 kPa 或 5 kPa。

4.3.3 燃具或用气设备应具备独立的自动识别使用过程中火焰意外熄灭并切断燃气的功能。

4.3.4 燃具或用气设备正常使用时不应溢出过量一氧化碳等有害的气体或物质。

4.3.5 燃具或用气设备正常使用中内部温度不得造成结构、控制的损害,不得造成燃气泄漏、触电等伤害人身安全的情况。

4.3.6 燃具或用气设备的安全、控制或调节装置发生故障时,不应导致危险情况的发生。当同时安装安全装置和控制装置时,应保证控制装置的功能不影响安全装置的正常功能。

4.3.7 家庭用户不应选用自然排气式燃具,商业用户不宜选用自然排气式燃具。

4.3.8 强制排气式燃具在外部风压 80 Pa 时应能正常燃烧。

4.3.9 在工程设计中应选择符合现行国家标准、行业标准或地方标准的燃具。因特殊用途选用没有相应标准的产品时,应进行技术验证,确认安全性符合现行国家标准《燃气燃烧器具安全技术条件》GB 16914 和现行上海市地方标准《燃气燃烧器具安全和环保技术要求》DB31/T 300 的燃气器具基本安全要求。

4.4 燃气计量表

4.4.1 家庭用户燃气计量表应具备下列功能:

1 燃气计量表内应具备电源断电、电压欠压切断报警和通电保护功能。

2 燃气计量表应内置切断阀,当燃气使用过程中出现流量过载、异常大流量、异常微小流量、持续恒定流量超时、燃气压力过低和长期未使用燃气等异常情况时,应能切断燃气并报警。

3 燃气计量表宜留有与可燃气体泄漏报警装置连接接口,能接收可燃气体泄漏报警装置的报警信号,并联动内部切断阀切断燃气。

4.4.2 燃气计量表的供电电池应符合下列要求:

1 计量模块、切断模块的供电电池供电年限应不短于燃气计量表使用年限。

2 无线通信模块的供电电源可采用可更换电池,更换电池时不应破坏燃气计量表结构,不应打开计量封印。

3 燃气计量表的设计应确保电池发生电解液泄漏时不会腐蚀燃气计量表的结构件造成燃气泄漏。

4.5 安全装置

4.5.1 商业用户用气场所内安装的可燃气体泄漏报警装置应符合下列要求:

1 商业用户用气场所用可燃气体泄漏报警装置应符合现行国家标准《可燃气体探测器 第1部分:工业及商业用途点型可燃气体探测器》GB 15322.1 的规定;小型餐饮单位用气场所也可选用符合现行国家标准《家用和小型餐饮厨房用燃气报警器及传感器》GB/T 34004 规定的中小餐饮厨房用燃气报警器。

2 用于探测天然气或同时探测天然气和一氧化碳两种气体的报警装置应能联动燃气切断阀。

3 可燃气体报警控制器应符合现行国家标准《可燃气体报警控制器》GB 16808 的规定。

4.5.2 商业用户用气场所内安装的天然气报警装置产品应具有将装置的报警和状态信息接入远程集中监控平台的功能,发送的信息应包括下列内容:

1 报警装置实时浓度信息。

2 报警装置设备信息、安装位置信息。

3 控制器状态信息,包括正常状态、故障状态(如主电故障、备电故障、线路故障等)和离线状态信息。

4.5.3 家庭用户用气场所内安装的可燃气体泄漏报警装置应符合现行国家标准《可燃气体探测器 第2部分:家用可燃气体探测器》GB 15322.2 或《家用和小型餐饮厨房用燃气报警器及传感器》GB/T 34004 的规定。

4.5.4 可燃气体泄漏报警装置应在铭牌和使用说明书标识报警装置或探测器有效使用期限,探测器或外壳上应有传感器失效或使用年限到期应更换的标识。

4.5.5 感知异常燃气压力或流量并切断燃气供气的安全装置应标识切断的燃气压力和流量的设定值。

4.5.6 与可燃气体泄漏报警装置联动的燃气切断阀在供电中断时应处于关闭状态。

5 系统设计

5.1 液化石油气钢瓶、燃气管道、燃具和用气设备设置场所

5.1.1 燃具和用气设备应设置在具有给排气条件的用气场所，通风条件应符合下列要求：

1 室内用气场所应通风良好，满足下列要求：

　1） 当用气场所具有与室外空气直接流通的自然通风开口时，通风开口有效面积应不小于该房间地板面积的 $1/10$，且不小于 0.60 m^2。

　2） 当用气场所的开口不是直接通向室外大气环境时，用气场所开口的外部空间应有与室外空气直接流通的自然通风开口，其面积应以用气场所及外部空间合并计算。

　3） 当不满足以上条件时，应采用自然通风道或机械通风，燃气设备不工作时，换气次数不应小于 3 次/h。

　4） 室内安装直排式燃具的室内容积热负荷超过 207 W/m^3 时，应设置有效的排烟装置将烟气排至室外。

2 室内用气场所设置自然通风道或机械通风设施时，正常工作状态的通风量应按下列的最高要求设置：

　1） 正常工作时，用气场所换气次数不应小于 6 次/h。

　2） 当燃烧烟气由排烟罩排出时，通风量应大于排烟罩下方燃具同时工作所需理论空气量的 20 倍；当燃烧烟气由排风扇排出时，通风量应大于所处空间燃具同时工作所需理论空气量的 40 倍。

　3） 应满足排除房间热力设备散失的多余热量所需的空气

量,每小时的通风量大于 40 m³/kW。

3 当用气场所无法满足本条第 1 款第 1)、2)项的自然通风规定时,应满足下列条件之一:

1) 直排式燃具装有缺氧保护装置。

2) 在使用空间安装一氧化碳报警装置。

3) 采取措施保证燃具使用时排风系统处于工作状态,排风系统宜与燃具或燃气阀门联动;无法联动时,应在燃具显著位置张贴排风系统先于燃具启动的永久性警示标识。

5.1.2 敷设用户燃气管道和设置燃具或用气设备在地下室、半地下室或通风不良场所时,应符合下列要求:

1 用气场所应符合下列要求:

1) 应设置可燃气体泄漏报警装置,并且联动燃气安全切断阀,宜设一氧化碳报警装置。

2) 应设置独立的机械送排风系统,应采取技术措施保证燃具使用时通风系统处于正常排风状态;用气场所的通风量应满足本标准第 5.1.1 条的规定;事故通风时,其换气次数不应小于 12 次/h。

3) 燃气锅炉设置在地下室、半地下室或通风不良场所时,应符合现行国家标准《锅炉房设计标准》GB 50041 的有关规定。

2 用气场所中仅有燃气管道经过的空间应符合下列要求:

1) 应设置可燃气体泄漏报警装置,并且联动燃气安全切断阀。

2) 应设置独立的机械送排风系统,其换气次数不应小于 3 次/h,事故通风换气次数不应小于 6 次/h。

3) 管材、管件及阀门、阀件的公称压力应按提高一个压力等级进行设计;除阀门、仪表等部位和采用加厚管的低压管道外,均应焊接和法兰连接。

5.1.3 燃气管道、燃气计量表、燃具或用气设备的设置场所不应堆放易燃易爆物品或有腐蚀性的介质。

5.1.4 用气场所的烟道和排气系统的设计应考虑烟道高度、外部风压对排烟能力的影响。

5.1.5 公共用餐区域、大中型商业建筑、高层住宅内不应设置液化石油气钢瓶。

5.1.6 液化石油气用户使用液化石油气钢瓶供气时，同一用户端空间存放液化石油气钢瓶标称充装总重量不应超过 60 kg。

5.1.7 液化石油气钢瓶存放和使用均必须保持直立放置，放置地点不得靠近热源与明火，并与燃具保持 0.5 m 以上距离。

5.1.8 高层建筑用户应采用管道供气方式。建筑高度大于100 m 的超高层建筑，用气场所应设置可燃气体泄漏报警装置，并设置联动切断装置。超高层建筑燃气管道宜安装燃气稳压装置。

5.2 用户端管道及附件设计

5.2.1 燃气管道阀门设置部位和方式应满足安装、运行维护的要求，燃气计量表前、燃具或用气设备前等部位应设置手动快速切断阀门。室内燃气管道手动阀门宜采用球阀。

5.2.2 住宅建筑内燃气管道使用压力宜小于 10 kPa；商业建筑内燃气管道使用压力宜小于 50 kPa。

5.2.3 燃气管道除材料规格按本标准第 4.1.1 条选用外，其安装环境、承受应力、连接方式和密封材料等均应满足设计工作年限要求。

5.2.4 燃气管道及附件应设置在便于安装检修、不受外力损伤的位置，对可能受到机械损伤的管道应采取保护措施。

5.2.5 燃气管道宜选择明管敷设。暗埋暗封的燃气管道的设计应符合下列要求：

    1 应采用合适的材料或有适宜的防腐层防止与建筑材料接触

发生腐蚀。防腐层的形式和强度应能适应安装工艺,不易被破坏。

2 暗埋的不锈钢管、铝塑管、金属波纹软管等薄壁或柔性管道,覆盖层面上应有永久性的标志,标明管道位置,并应设置厚度不小于1.2 mm钢制盖板或同等刚性的保护层。

3 暗埋管道宜设置套管或被覆层,具有将管道泄漏的燃气通过套管或被覆层之间导至暗埋管道两端以便于泄漏检测的功能。

5.2.6 燃气管道及附件的通径应满足燃具或用气设备燃烧时的燃气流量要求,管道设计流速不宜大于15 m/s,管道压力损失应考虑燃具对末端压力波动范围的控制要求。严禁在家庭用户和商业用户中餐饮单位的燃气管道上直接连接燃气加压设备。

5.2.7 室内燃气管道与电气设备、电线电缆的净距应符合现行国家标准《城镇燃气设计规范》GB 50028的有关规定;室内燃气管道与排烟管或烟道的净距不应小于25 cm。

5.2.8 当燃气管道敷设于潮湿或有腐蚀可能的环境时,应采用套管隔离潮湿和腐蚀性物质或采取有效的防腐蚀措施。

5.2.9 室内燃气管道穿过墙体、地板或楼板时必须加套管,套管与燃气管道之间的间隙应采用柔性防腐、防水材料密封,其设计使用年限应不低于管道使用年限。燃气管道应增加防腐措施以防止潮湿或水侵入。

5.2.10 室内燃气管道采用软管时,软管最高允许工作压力不应小于燃气额定供气压力的4倍。

5.2.11 室内燃气管道采用非金属管材时应进行防机械损伤、防紫外线(UV)伤害及防热保护,非金属管材、有非金属密封材料的管道附件和连接,使用环境温度不应高于60 ℃。

5.3 燃具和用气设备布局及配置

5.3.1 燃具和用气设备高温区域贴邻的墙体、地面、台面应为不燃材料,高温区与装修或固定设备上可燃或难燃的材料、电路、电器产品应保持足够的间距,或采取其他有效的防护措施。

5.3.2 不同排烟方式的燃具和用气设备必须按安装说明书要求配置排烟设施,使用烟道排出烟气的燃具和用气设备严禁将烟气排在室内。

5.3.3 燃具和用气设备配置的烟管和烟道应符合下列要求:

    1 燃具烟管结构应保证密封严密,不得漏烟。

    2 用气设备的排烟系统应独立设计,多台设备共用排烟道时排放烟气应互不影响,共用的竖向烟道应有防倒烟措施。

    3 燃烧烟气直排的烟管不宜过长,防止烟气冷凝现象。

    4 整个烟道中不应有冷凝水聚集的地方。

5.3.4 用气设备的设置应符合现行国家标准《建筑防火通用规范》GB 55037 的有关规定。

5.4 燃气计量表

5.4.1 燃气计量表应根据燃气的工作压力、温度、燃具或用气设备的最大流量和最小流量等条件选择相应的计量表。

5.4.2 用户端燃气计量表安装位置应符合抄表、检修、维护、更换及安全使用的要求,不应安装在下列位置:

    1 经常潮湿的地方。

    2 环境温度高于 45 ℃的地方。

    3 堆放易燃易爆、易腐蚀物质的地方。

    4 有明显震动影响的地方。

    5 卧室、浴室、更衣室、卫生间及密闭空间内。

    6 高层建筑中作为避难层及安全疏散楼梯间内。

5.5 安全装置

5.5.1 商业用户用气场所应安装可燃气体泄漏报警装置。

5.5.2 应根据用气场所燃气种类配置相应的可燃气体泄漏报警装置。

5.5.3 探测燃具或用气设备不完全燃烧产生的一氧化碳，应选用一氧化碳报警装置。

5.5.4 可燃气体泄漏报警装置的设置宜执行现行行业标准《城镇燃气报警控制系统技术规程》CJJ/T 146，还应符合下列要求：

1 多层建筑的家庭用户宜设置单户可燃气体泄漏报警装置。

2 高层建筑的家庭用户宜设置可燃气体泄漏集中报警控制系统。

3 可燃气体探测器不应设在燃具上方油烟、粉尘或水汽容易聚集的地方；不应受到燃具或其他设备产生的高温的影响。

4 可燃气体探测器设置的位置应根据燃气设备和管道设置空间的通风状况和泄漏风险进行调整。

5 通过无线模块将报警信号传输到集中监控平台的可燃气体探测器，其安装场所不应阻碍信号的传输。

5.5.5 燃气安全切断阀的设置应符合下列要求：

1 天然气商业用户和液化石油气瓶组供气管道输送的用气场所安装的可燃气体泄漏报警装置应联动燃气切断阀。

2 家庭用户用气场所安装的可燃气体泄漏报警装置宜与燃气切断阀联动。

3 燃气切断阀应采用自动关闭、手动复位的结构形式。

4 燃气安全切断阀应设置在用气场所所有燃具或用气设备和燃气计量表的供气管道的上游，或者要保护的燃具或用气设备的上游。

5 商业建筑燃气管道的燃气安全切断阀宜设置在燃气总管和分配管上。

6 高层住宅建筑的燃气安全切断阀宜设置在燃气引入管或用户总管上。

6 安装施工

6.1 用户端管道施工要求

6.1.1 明设的燃气管道应采用管支架、管卡或吊卡固定,应设置合理,避免管道承受过大的应力。

6.1.2 暗埋的用户燃气管道不应有螺纹、卡箍等机械连接和密封的接头。

6.1.3 暗封的燃气管道暗封部位应可拆卸、检修方便,并应设通气孔。不可检修的管道,按暗埋处理。

6.1.4 除采用绝缘接头或其他有效的绝缘方式阻止其他金属管道将电流导入金属燃气管道外,裸露的金属燃气管道不应与其他金属管道、建筑结构中的钢筋等接触。严禁将金属燃气管道作为室内的电气布线的接地端。

6.1.5 安装在地面、转角等位置有可能被冲撞的管道部位,应设置防撞措施。

6.1.6 室内燃气钢管、不锈钢管螺纹连接方式应严密、牢固,其严密性能够满足燃气管道设计年限要求。

6.1.7 燃气管道穿套管、安装管卡等易损伤管道防护层时,应采取保护措施。现场加工管螺纹时,应采用不损伤管道防护层的工艺方式或采取防护补救措施。

6.1.8 燃气管道采用暗埋方式安装,开凿管槽不得损坏建筑承重结构及降低耐火性能和承载力。

6.1.9 管道系统完成后应进行管道强度试验和气密性试验。

6.2 燃具和用气设备安装施工要求

6.2.1 燃具或用气设备安装应由具有资质的单位负责,安装人员应经过培训。

6.2.2 安装人员在安装燃具或用气设备前应检查下列内容:

1 燃具或用气设备的品种型号应与设计文件一致。

2 安装现场供给的燃气种类应符合铭牌所示燃气种类,现场电源类型和参数等应符合产品标识的要求。

3 安装场所应符合安装燃具或用气设备的要求,周围不应有易燃或不能耐受燃具或用气设备使用时产生的高温的物品,通风条件应满足燃具或用气设备使用和安全要求,应符合设计文件。

4 燃具或用气设备及配件应完整,产品合格证、产品安装使用说明书、铭牌应齐全。

5 配套的支吊架、烟管等应满足需求,并且应满足安装的安全要求。

6.2.3 对于较重的燃具或用气设备,应确认承重的基座或吊挂墙体的强度能够支撑重量。

6.2.4 管道、液化石油气钢瓶与燃具或用气设备的连接方式应符合燃气特征和工艺条件,并应符合下列要求:

1 燃具连接软管不应穿越墙体、门窗、顶棚和地面,长度不应大于 2.0 m 且不应有接头。

2 硬管连接应符合现行行业标准《城镇燃气室内工程施工与质量验收规范》CJJ 94 的有关规定。

6.2.5 燃烧烟气直接排出室外的燃具或用气设备应安装烟道,并应符合下列要求:

1 应按照设计要求正确安装排烟烟道。

2 烟道材料应符合安装说明书的规定。

3 非冷凝式燃具或用气设备的烟道应由金属材料制作。

4 烟道连接处不得漏气。

6.2.6 排烟口应设在利于烟气扩散的室外空间,应防止烟气回流室内。烟道终端宜安装烟气止逆阀,排气口离门窗洞口最小净距宜符合现行行业标准《家用燃气燃烧器具安装及验收规程》CJJ 12 的有关规定。

6.2.7 排烟管出口应有防止鸟、鼠等生物做窝堵塞和防止雨雪进入的措施,排烟口、烟道出口宜安装能防止落入直径 16 mm 的球体的格栅。

6.2.8 自然排气式燃具或用气设备安装时,应有足够长度的垂直烟道并验证有足够的烟道抽力。

6.2.9 燃具或用气设备的烟道距难燃顶棚或墙的净距不应小于 5 cm;距可燃材料的顶棚或墙的净距不应小于 25 cm;当采取有效的防护措施时,其距离可适当减少。

6.2.10 按设计图纸施工的燃具或用气设备在安装时应进行确认,其高温区域周边的装修、固定设备上可燃或难燃材料、电路、电器产品的表面温升,不应引起燃烧或电气绝缘的损坏。

6.2.11 安装有燃烧高温区域或高温表面的燃具时,应避免燃气用具连接用金属包覆软管、非金属燃气管道、有非金属密封材料的管道附件距离火焰过近,避免火焰烘烤加速软管老化和燃气密封的损坏。

6.2.12 液化石油气钢瓶与燃具的连接应使用超柔型不锈钢波纹软管或液化石油气钢瓶专用连接软管。燃气管道与台式灶或其他可移动燃具的连接应使用超柔型不锈钢波纹软管、燃气用具连接用金属包覆软管或台式灶专用连接软管。

6.2.13 液化石油气钢瓶供应多台燃具或用气设备时,应采用固定的金属管道分叉并分别安装阀门,不得在软管上使用三通。

6.2.14 燃具的安装应采用现场电子图像记录等方式进行质量验收。

6.2.15 液化石油气钢瓶的配送和接装应符合下列要求：

1 应由液化石油气供应单位进行配送和接装。

2 当用户提出不需要接装液化石油气钢瓶时，供应单位应告知用户接装方法以及安全注意事项。

3 液化石油气配送单位应能向用户供应相匹配的瓶装液化石油气调压器。

6.3 燃气计量表安装施工要求

6.3.1 燃气计量表不应设置在受燃具高温影响的地方。燃具工作时燃气计量表的温升不应影响其正常使用。

6.3.2 超声波燃气计量表、带远传功能和智能切断功能的燃气计量表等具有电子控制部件的计量表，安装时应避开有较强电磁辐射的电气设备。

6.3.3 具有数据无线远传功能的燃气计量表不应安装在阻隔信号传输的场所。

6.3.4 燃气计量表包括表前过滤器应按设计文件和产品说明书进行安装，并留有维护检修的空间。

6.3.5 燃气计量表安装时应考虑其自身重量对表接口的影响，必要时加装表托固定。表托支架的安装应牢固、受力均衡。

6.3.6 燃气计量表不得由用户拆卸或移位。

7 特殊要求

7.1 家庭用户用气场所的特殊要求

7.1.1 家用燃具的设计使用年限不应低于 8 年。

7.1.2 室内型燃气热水器和燃气采暖热水炉宜设置水路系统防冻装置,安装后产品上应有产品断电时防冻装置会失效的提示。未安装防冻装置的产品,应采取下列措施之一:

    1 经试验验证室外冷空气无法从烟道进入燃气热水器或燃气采暖热水炉内部造成水路系统冰冻。

    2 在燃气热水器或燃气采暖热水炉明显位置设有极冷天气时应防止水路系统存水的警示。

7.1.3 家用燃具设计上应具有超温、缺水、燃烧异常等安全风险控制和安全停机及锁定功能。

7.1.4 燃具、用户燃气管道及附件不得设置在卧房和客房等人员居住和休息的房间。燃气管道敷设在起居室(厅)、走道内,穿过浴室、卫生间、阁楼或壁柜时,燃气管道不应有螺纹连接、卡套连接等机械接头;穿过浴室、卫生间、阁楼或壁柜时,应设在钢套管内。

7.1.5 直排式燃具应安装在有自然通风的厨房内或非居住空间内。利用卧室的套间(厅)或利用与卧室连接的空间作厨房时,厨房应设门并与卧室隔开。

7.1.6 燃气热水器或燃气采暖热水炉应安装在通风良好的非居住房间、过道或阳台内,燃气采暖热水炉和半密闭式热水器严禁设置在浴室、卫生间内。

7.1.7 家用燃具烟管不得穿过卧室、未安装燃具的浴室和卫生间。

7.1.8 室内不得设置直排式热水器,可设置密闭式或半密闭式热水器;对于燃烧所需空气取自室内的半密闭式家用燃气热水器,其产生的烟气应在风机作用下用排气管强制排至室外,使用空间应有足够的进风面积。

7.1.9 家庭用户不得在室内设置无排烟道的燃气燃烧直接取暖设备。

7.1.10 燃气热水器或燃气采暖热水炉应设置专用烟道直接将烟气排至室外,烟气不得排入吸油烟机排气道,不得与使用固体燃料的设备共用一套排烟设施。

7.1.11 家用燃具的烟道长度和弯头数量不应超过产品安装说明书的规定。

7.1.12 燃气灶的灶面边缘和燃气烤箱的侧壁距木质家具的净距不得小于 20 cm;当达不到时,应加防火隔热板。放置燃气灶的灶台应采用不燃烧材料,当采用难燃材料时,应加防火隔热板;可燃或难燃烧的墙壁和地板上安装热水器时,应采取有效的防火隔热措施。

7.1.13 对于非上进风结构的嵌入式燃气灶具,安装时橱柜应设置进风口。

7.1.14 装有半密闭式热水器、采暖炉的房间应留有不小于 0.02 m² 的进气面积。

7.1.15 安装燃气热水器、采暖炉的位置应满足维护检修的要求。

7.1.16 家用燃具单台热负荷不应大于 100 kW。

7.1.17 燃气热水器、采暖炉宜使用制造厂配套供应的烟管,使用市场供应的烟管时,应确认材料、尺寸、强度应满足产品安装说明书的要求,保证烟气的正常排放和烟道密封性。

7.1.18 家庭用户使用的液化石油气钢瓶应设置在通风良好的厨房或非居住房间内,不得设置在卧室、浴室、卫生间内。

7.1.19 家庭用户宜安装可燃气体泄漏报警装置和一氧化碳报警装置。

7.2 餐饮单位用气场所的特殊要求

7.2.1 燃具应设置在符合安全使用条件且便于维护操作的场所。

7.2.2 餐饮单位用气场所的排风设施应符合下列要求：

　　1 大锅灶和中餐炒菜灶等直接排烟设备应有集烟罩排烟设施及机械换气系统，换气系统每小时排气量应按燃具每千瓦热负荷不小于 $40\ m^3$ 计算。

　　2 通过烟道将烟气排出室外的燃具的排气系统排气量按不小于燃具的 2 倍理论烟气量计算。

　　3 沿街面的小型餐饮单位在额定热负荷小于 $10\ kW$ 的直排式燃具上方可使用家用抽油烟机作为排风设备。

7.2.3 燃具之间及燃具与对面墙之间的净距应满足操作和检修的要求。

7.2.4 当燃具的燃烧空间除烟道口外是封闭空间且没有设置封闭炉膛泄爆口时，应在烟道上设置泄爆口，泄爆口应设置在安全处。

7.2.5 使用鼓风机进行预混燃烧的商用燃具，当燃具燃烧炉膛封闭且没有鼓风机外的助燃空气时，应有防止混合气体或火焰进入燃气管道的措施，如燃气管道止回阀、安全泄压结构或装置。

7.2.6 商用燃具的排烟系统应独立设计，当选择共用排气道时，应设置防倒烟装置。

7.2.7 设置在商业建筑内的小型餐饮单位用气场所，配置燃具的室内容积热负荷不宜超过 $1.5\ kW/m^3$；沿街面的小型餐饮单位用气场所，配置燃具的室内容积热负荷不宜超过 $2.0\ kW/m^3$。

7.2.8 当关闭门窗会形成密闭空间时，应采取措施保证直排式燃具使用时排风系统处于工作状态，排风系统宜与燃具或燃气阀门联动，无法联动时在燃具操作区域显著位置张贴排风系统先于燃具启动的永久性警示标识。

7.2.9 餐饮单位用气场所应安装可燃气体泄漏报警装置,小型餐饮单位可安装符合现行国家标准《家用和小型餐饮厨房用燃气报警器及传感器》GB/T 34004 的可燃气体泄漏报警装置。

7.2.10 可燃气体泄漏报警装置宜与排风装置联动。

本标准用词说明

1　为了便于在执行本标准条文时区别对待,对要求严格程度不同的用词说明如下:

　　1)表示很严格,非这样做不可的用词:

　　　　正面词采用"必须";

　　　　反面词采用"严禁"。

　　2)表示严格,在正常情况下均应这样做的用词:

　　　　正面词采用"应";

　　　　反面词采用"不应"或"不得"。

　　3)表示允许稍有选择,在条件许可时首先这样做的用词:

　　　　正面词采用"宜";

　　　　反面词采用"不宜"。

　　4)表示有选择,在一定条件下可以这样做的用词,采用"可"。

2　条文中指明应按其他有关标准执行时的写法为"应符合……的规定"或"应按……执行"。

引用标准名录

1 《城镇燃气设计规范》GB 50028
2 《锅炉房设计标准》GB 50041
3 《燃气工程项目规范》GB 55009
4 《建筑防火通用规范》GB 55037
5 《液化石油气钢瓶》GB 5842
6 《液化石油气瓶阀》GB 7512
7 《可燃气体探测器 第1部分：工业及商业用途点型可燃气体探测器》GB 15322.1
8 《可燃气体探测器 第2部分：家用可燃气体探测器》GB 15322.2
9 《可燃气体报警控制器》GB 16808
10 《燃气燃烧器具安全技术条件》GB 16914
11 《家用和小型餐饮厨房用燃气报警器及传感器》GB/T 34004
12 《自闭式液化石油气瓶阀》GB/T 35208
13 《瓶装液化石油气调压器》GB 35844
14 《家用燃气燃烧器具安装及验收规程》CJJ 12
15 《城镇燃气室内工程施工与质量验收规范》CJJ 94
16 《城镇燃气报警控制系统技术规程》CJJ/T 146
17 《燃气燃烧器具安全和环保技术要求》DB31/T 300

上海市工程建设规范

城镇燃气用户端安全技术标准

DG/TJ 08—2447—2024
J17669—2024

条 文 说 明

2024　上海

目　次

Contents

1 总 则

1.0.1　本条执行国家标准《燃气工程项目规范》GB 55009—2021中第1.0.1条的规定。住建部发布的强制性工程建设规范《燃气工程项目规范》GB 55009—2021,是其他城镇燃气工程规范的上位规范,是对工程关键技术措施的指令性要求,其中对用户的燃气设备和用户管道,作了原则性的规定。用户端安全的具体技术要求,散布在燃气相关的设计、施工、验收的各种规范中,因此制定以城镇燃气用户端作为安全管理对象的安全技术规范是非常必要的。本标准将涉及城镇燃气用户端的安全要求作为一个整体对象,以系统安全的观点,对《燃气工程项目规范》GB 55009 的要求进行具体阐述,用以指导工程技术人员正确应用行业经验和新技术,正确选择相关推荐性规范和标准,正确选用用户端燃气工程的材料、燃具或用气设备。

1.0.2　本条执行国家标准《燃气工程项目规范》GB 55009—2021中前言和第1.0.2条的规定。本标准提出了使用城镇燃气场所燃气相关的安全技术要求,适用于本市行政区域内家庭和商业用户用气场所的新建、改建、扩建工程。对用户端既有用气场所用户管道、器具和用气设备、环境条件达不到要求的,应要求用户改造。执行本标准确有困难的,应在不低于原建造时标准的基础上,采取经过论证的技术措施或管理防范措施,降低安全风险。工业生产用燃气设备一般是根据用途经过专门设计的非通用设备,其安装使用的单位会采取相应安全措施,故本标准不适用工业生产型燃气用户。对专门设计的非通用性商业设备,且用户按照设备制造商的明示要求采取了安全措施的,按工业生产型用户处理。

1.0.3 本条执行国家标准《燃气工程项目规范》GB 55009—2021 中第 1.0.3 条第 4、5 款和第 1.0.4 条的规定。用户端安全涉及燃气输送与控制、燃气设备自身的安全水平、燃气设备安装和使用的环境、防止燃气持续泄漏和烟气在室内积聚等各个环节，涉及用户端燃气管道及管道附件、燃气计量设备、燃气器具和用气设备，任何一个环节安全隐患都会影响燃气使用场所的安全。因此，用户端应以使用场所的整个空间作为一个整体来考虑安全问题，采取的技术措施应覆盖已识别的各项安全风险，应合理配置，符合国家对燃气工程能源资源节约和合理利用的基本要求。

工程技术人员采用现行的国家和行业相关规范和标准的具体技术方法和措施，可认为是符合现行国家标准《燃气工程项目规范》GB 55009 和本标准要求。实施主体采用创新性技术方法、措施和产品以满足城镇燃气应用的发展和用户端新的要求，且强制性规范或推荐性标准没有相关规定时，应通过技术论证确认达到《燃气工程项目规范》GB 55009 和本标准的安全要求或同等安全水平。

1.0.4 燃气工程质量是用户端安全的基本保证，安装施工专业性强、人员能力要求高，不是非专业人员可以承担的。国家现行法律法规对从事燃气工程建设的单位和人员设定了相关资质，以保证实施的单位和人员具备正确实施相关规范和标准的能力。

1.0.5 用户正确使用是保证用户端安全的不可缺少的一环，虽然用户不是专业的燃气工程人员，但具备正确使用和保护燃气设施的意识是必要的。本标准安全技术措施的有效性均是以用户正确使用为基础的。

1.0.6 本条执行国家标准《燃气工程项目规范》GB 55009—2021 中第 1.0.3 条第 1 款。用户端其他方面的安全，如电气、建筑等，应执行其他领域相关的规范。

3 基本规定

3.0.1 用户端主要安全风险为导致爆炸的燃气泄漏和导致人员中毒的烟气聚集。户内燃气管道及管道附件、燃气计量表、燃气器具和用气设备任何一个方面燃气泄漏或产生超过安全标准的烟气都会影响燃气使用场所的安全。

3.0.2 本条执行国家标准《燃气工程项目规范》GB 55009—2021中第2.2.3、2.2.4条的规定。材料与设备选型应保证使用环境和使用条件下的安全性，且应在燃气工程预期的使用年限内保持其安全性。凡产品取得国家强制认证证书且经产品型式检验确认符合国家、行业、地方标准的，可认为具有足够的安全水平。没有相关国家、行业、地方标准的设备，应选用制造单位对产品的安全性进行了评价，制定企业标准并按标准生产，并对安全性负责的产品。设计单位应根据燃气工程安全需求和燃气工程规范，选用达到相应安全要求的产品。

3.0.3 本条执行国家标准《燃气工程项目规范》GB 55009—2021中第2.2.6条的规定。燃具和用气设备、燃气计量表、燃气管道及附件相互之间的连接方式应按设备的特点、使用环境条件确定，保证在使用年限内不发生泄漏。燃气管道可采用符合国家标准《城镇燃气设计规范（2020 年版）》GB 50028—2006中第10.2.4~10.2.7条规定的连接方式，燃气连接软管可采用密封管螺纹或者非密封管螺纹管件加密封垫的方式。

3.0.4 燃具或用气设备是按照一定的使用环境条件进行设计生产的，其安全使用需要稳定和正确的供气压力、充分的通风量、正常的排烟能力、周围材料耐高温等条件，满足上述条件才能安全使用。

3.0.5 本条执行国家标准《燃气工程项目规范》GB 55009—2021 中第 2.2.7 条的规定。泄漏燃气的聚集是发生爆炸事故的必要条件,因此,燃气使用空间内有良好的通风以稀释泄漏的燃气、密闭空间有独立的机械通风设施时,可降低燃气泄漏达到爆炸极限的风险。相对密度大的燃气,易积存于底部空间,地下室、半地下室已没有向下的扩散通道,《燃气工程项目规范》GB 55009—2021 规定不能使用相对密度大于 0.75 的燃气。

3.0.6 本条执行国家标准《燃气工程项目规范》GB 55009—2021 中第 5.3.2 条的规定。燃气管道是固定安装的燃气输送设施,安装后不易维修,预埋的管道一般是不能维修的。燃气管上的装置或附件不会主动更换,其工作年限短于管道工作年限时会形成安全隐患。

3.0.7 燃气供气系统是用户端设置的燃气管道、阀门、调压设备、计量表以及安装在燃气管道上的其他装置组成的整体。燃气泄漏风险为突然发生的大流量泄漏(如管道外力损伤或软管脱落、连接脱落等)和逐步累积由小到大的泄漏(如管道腐蚀老化、密封垫失效、穿孔等)。突然形成的大流量泄漏,处置允许时间短,可以通过带异常流量和异常压力检测的智能燃气计量表、自闭阀或其他自动装置发现大流量泄漏并及时切断燃气。因结构腐蚀、老化等长期形成的微小并逐步增大的泄漏,可利用管道中燃气是连续空间的特点,通过设置一个自动或用户手动检查的装置检测管道内燃气流量或压力实现对管道泄漏的发现,自动切断或提示及时处置泄漏。该装置也可作为用户安检发现用户端泄漏的有用工具。

3.0.8 本条执行国家标准《燃气工程项目规范》GB 55009—2021 中第 2.2.8 条的规定。燃具和用气设备都是按照不同燃气类型和规定的额定压力进行设计、调整与制造的,不同类型燃气会有组分、额定使用压力、热值、密度等区别,不能混用。

3.0.9 燃气燃烧设备是用燃烧的方式使用燃气的,但如果没有合理设计和规范安装,高温可能对于设备本身和周围环境物品的材料造成损坏,或引燃周围的物品,可能损坏燃具或用气设备的气密性或电气绝缘,设备表面的高温也有可能对操作者产生伤害。因此,产品标准中均有温升的限制,相关燃气工程规范中也对燃具和用气设备周围物品的材料与间距进行规定。

3.0.10 本条执行国家标准《燃气工程项目规范》GB 55009—2021中第6.1.1条的规定。燃具和用气设备是基于特定用途和产品标准进行设计和制造的,并进行了安全验证和检验以保证安全。非原制造厂授权人员调整或改装,燃气用具会偏离原设计参数,而且未经检测,不能保证正常燃烧。

燃具和用气设备及供气管道的安装需要经过工程设计,由有燃气器具安装维修资质单位进行安装施工。当同一场所使用燃具或用气设备增加数量或由另一种燃料改用燃气时,也应重新核算,以满足安装场所管道供气能力、给排气条件等用气条件。用户不能自行安装和改动。

3.0.11 用户端燃气管道作为输送燃气的通路,超出预期用途的外力或电流极易造成管道损坏,形成大量泄漏。

3.0.12 同样功能的燃具与用气设备除燃烧系统外其余的结构材料基本是相同的,同一空间设置2种及2种以上燃气气源易发生燃气种类的误用。不同类型的燃气,其安全要求和事故处理方式不同,发生事故时易产生次生灾害,同一空间设置使用2种及2种以上气源有较大安全风险。

3.0.13 燃具的售后维修应由制造单位或经制造单位授权具有资质的单位进行。为方便用户明确获得售后联系信息,规定燃具安装完毕交付后应标识有售后服务电话或信息,该标识应清晰易读并持久耐用。

4 材料与设备的选型

4.1 管道材料和规格

4.1.1 本条执行国家标准《燃气工程项目规范》GB 55009—2021 中第 5.3.1、5.3.2 条的规定。

现行国家标准《城镇燃气设计规范》GB 50028 对室内管道材料的选型规定经多年的应用,已经非常成熟,管道产品有完整的标准体系,选用时应关注产品标准的更新。涂覆管是燃气管道的新材料,是在热镀锌钢管外表面上覆盖双组分环氧树脂,其可增强管道耐腐蚀性延长寿命,在进行相关验证后可推广使用。

4.1.2 本条执行国家标准《燃气工程项目规范》GB 55009—2021 中第 5.3.10 条的规定。

燃气连接软管的脱落、机械损伤和老化造成的破裂导致燃气泄漏发生爆炸在近几年严重的燃气伤亡事故中占比最高。不同的使用场景连接对软管的性能要求有较大差异,应选择合适种类的燃气专用软管。目前燃气专用软管有多种形式和材料的产品,有多个产品标准,但不是全都具备抗拉、抗压、抗剪切、抗老化、抗反复弯曲要求。软管接头的连接结构推荐采用螺纹连接,也可采用例如快装接头等具有防脱落结构的连接形式。表1给出了不同连接场景下可使用的产品。

4.1.3 阀门的现行国家、行业标准众多,城镇燃气工程设计时会选用符合国家现行标准《铁制、铜制和不锈钢制螺纹连接阀门》GB/T 8464、《钢制阀门 一般要求》GB/T 12224、《石油、石化及相关工业用的钢制球阀》GB/T 12237、《电磁式燃气紧急切断阀》GB 44016、《建筑用手动燃气阀门》CJ/T 180、《城镇燃气切断阀和放散阀》CJ/T 335、《燃气输送用金属阀门》CJ/T 514、《工业阀门供货要求》JB/T 7928 等标准规定的阀门,但其中大部分为通用的阀门标准,仅符合通用标准的阀门未必满足城镇燃气工程的特殊要求。用户端燃气系统应使用燃气专用阀门,选用非燃气专用阀门时,应确认与燃气接触的部分使用耐燃气的材料。

表1　不同类型燃气用具专用连接软管连接场景适用性汇总

软管符合的产品标准	连接场景		
	固定安装的燃具或用气设备与固定敷设的燃气管道的连接	移动式燃具的连接	液化石油气钢瓶与液化石油气燃具或用气设备的连接
《家用燃气用橡胶和塑料软管及软管组合件技术条件和评价方法》GB 29993—2013(已废止)	不可用	不可用	不可用
《燃气用具连接用橡胶复合软管》CJ/T 491—2016	不可用	不可用	不可用
《燃气用具连接用不锈钢波纹软管》GB 41317—2024 普通型软管	可用	不可用	不可用
《燃气用具连接用不锈钢波纹软管》GB 41317—2024 超柔型软管	可用	可用	可用
《燃气用具连接用金属包覆软管》GB 44017—2024	可用	可用	可用

4.2　液化石油气钢瓶和调压器

4.2.1　现行国家标准《瓶装液化石油气调压器》GB 35844 是强制性产品标准。

4.2.2　随着液化石油气用气场景对安全需求的日益提升,市场已出现多种将液化石油气调压器与其他功能组合的创新产品,不论其他功能如何,无论何种产品名称,现行国家标准《瓶装液化石油气调压器》GB 35844 中的调压性能、结构强度、气密性是基本安全要求。

4.2.3 本条规定了液化石油气钢瓶、钢瓶瓶阀应符合相应强制性国家标准要求。

4.2.4 液化石油气钢瓶液相供气,一旦发生泄漏,一般使用环境中会短时间内形成爆炸气氛,危险性高,故用户端只能使用液化石油气气相供气或管道液化石油气供气。根据《全国城镇燃气安全专项整治工作方案》(安委〔2023〕3 号)规定,餐饮企业禁止使用气液双相气瓶。

4.3 燃具和用气设备

4.3.1 本条执行国家标准《燃气工程项目规范》GB 55009—2021 中第 6.1.2 条的规定。不同类别燃气的燃烧特性是不同的,需要使用对应的燃气并相应的压力才能安全稳定地燃烧,否则会无法点火,或者发生回火、脱火、燃烧不完全等情况,可能会引发安全事故。燃具或用气设备按一定的燃气种类和供气压力进行设计,供气压力与燃具的额定压力一致是安全用气的基本原则。因此,燃具或用气设备应标识使用的燃气信息,以免误用。

4.3.2 本条执行国家标准《燃气工程项目规范》GB 55009—2021 中第 6.1.2 条的规定。上海市天然气管网家庭和一般商业用户供气压力为 2 kPa,国家强制性标准《瓶装液化石油气调压器》GB 35844—2018 中家用调压器额定出口压力为 2.8 kPa,商用调压器额定出口压力为 2.8 kPa 或 5 kPa。家用燃具和普通商用燃具生产制造社会化,已形成标准化批量生产,为统一技术要求,国家制定的燃具产品标准均设定通用的额定压力,与供气压力一致。

4.3.3 熄火保护功能对燃具和用气设备是基本的安全要求,一且发生意外熄火,在一定时间内自动切断燃气通路,可有效阻止燃气泄漏。已有的燃具和用气设备的产品标准均有要求。

4.3.4 一氧化碳是导致中毒的有害气体,已有的燃具和用气设备的产品标准中均根据预期的使用条件规定了烟气中一氧化碳等有害的气体浓度的上限要求。预期的使用条件包括了燃气的适配、燃烧空气的供给和燃烧烟气的排除方式。

4.3.5 燃具或用气设备燃烧时会产生高温,设备内的材料性能会随着温度升高而逐渐失效,气密性或电气绝缘的破坏将引发事故,因此产品设计时应充分考虑高温对内部结构、材料、部件的影响。

4.3.6 随着安全要求的提升,燃具和用气设备均设计了安全装置,这些安全装置一般是独立设置,不受控制装置影响的,保证安全装置起作用。

4.3.7 自然排气式燃具是燃烧时所需空气取自室内、烟气通过排烟管通入建筑的排烟道在自然抽力下将烟气排至室外的燃具。本市住宅建筑均没有设计供燃具烟气排烟的专用烟道,上海市已禁止销售家用烟道式燃气热水器。商业用户也很少设计供燃具直接排除燃烧烟气的烟道。

4.3.8 上海市建筑密集,高层建筑多,使用烟道或排烟管的燃具需要通过风机强制把烟气排出室外,且应有较高的风压。现行国家标准《家用燃气快速热水器》GB 6932、现行上海市地方标准《燃气燃烧器具安全和环保技术要求》DB31/T 300 等都对风压制订了 80 Pa 的指标要求。

4.3.9 本条规定了燃具需符合的基本安全要求,没有相应标准的产品,其安全性的技术验证确认至少应包括下列内容:

1 燃具的材料和结构应有足够的机械强度,避免正常使用中气密性的损坏。为防止因结构破坏造成燃气泄漏,燃气通路上金属材料厚度大于 1 mm 为最低要求。

2 燃具应具备熄火保护功能。

3 燃具在燃气供气压力波动范围内应能安全运行。

4 可由用户拆卸和安装的部件不会因位置错误或误操作造成安全隐患。燃具的误调节或误装配不会引起燃烧工况的劣化、未燃燃气泄漏、烟气中一氧化碳浓度超标、设备损坏或高温对使用者造成伤害等安全隐患。

5 燃具使用和维护说明书应包括对设计、制造时可预见的使用限制、安装环境及通风要求以及其他安全使用所需的所有说明。燃具或用气设备上应清楚标出必要的安全警示,使安装者和使用者知晓安装环境的要求、使用时如何避免可能的安全风险。

6 燃具干烟气中 $CO_{(\alpha=1)}$ 含量应符合:
——直排式和间接排烟式燃具:≤0.1%;
——烟道排烟式和室外型燃具:≤0.2%。

7 使用烟管将燃烧烟气排出室外的燃具应明确配用的烟管执行的标准、规格,没有标明执行标准的应随机附带专用烟管,或者有安装烟道的说明,保证烟道安装后烟道牢固、烟气正确排出、烟气不泄漏在室内。排气口末端不能进入直径 16 mm 的球体。

4.4 燃气计量表

4.4.1 燃气计量表在计量功能的基础上,增加内置切断阀和智能判断异常流量功能,与其他安全设备连接后,适合作为用户端燃气泄漏判断和切断控制的中心设备。电源断电、电压欠压切断报警和通电保护功能应符合现行行业标准《切断型膜式燃气表》CJ/T 449 的有关规定,异常情况切断性能应符合现行行业标准《切断型膜式燃气表》CJ/T 449 或现行上海市地方标准《燃气燃烧器具安全和环保技术要求》DB31/T 300 的有关规定。

4.4.2 国家检定规程规定民用燃气计量表只作首次强制检定,到期更换。以天然气为介质的燃气计量表的使用年限不应超过 10 年,以液化石油气及其他类型的燃气为介质的燃气计量表的使用年限不应超过 6 年。计量表计量功能除非维修,一般是不会中断的,切断功能是安全装置,不能断电,因此计量模块、切断模块的供电电池设计供电年限应大于计量表使用寿命。

4.5 安全装置

4.5.1 商业用户用气场所使用的燃气泄漏报警装置国家已经制定了相关标准,小型餐饮因其用气场所规模小、分散,住建部制定了适用于小型餐饮厨房的燃气报警器产品标准。

可燃气体泄漏报警装置,监控的是大部分时间无人值守的用气场所,特别是对天然气商业用户用气场所,用气设备多,一旦发生泄漏,产生后果严重,因此应联动燃气切断阀。商业用户液化石油气钢瓶在非使用时间通常是关闭阀门的,所以不强制要求联动切断,鼓励用户选择使用合适的联动切断阀。可燃气体泄漏报警装置联动的燃气安全切断阀也可以是燃气计量表内置的切断阀等切断装置。

4.5.2 商业用户将报警信号接到有人值守的集中监控平台,能及时处置泄漏,消除隐患。

4.5.3 国家已经制定了家用可燃气体泄漏报警装置的相关标准。

4.5.4 可燃气体泄漏报警装置的气敏元件在现有的制造技术水平下,其寿命是有限的,需要提示用户能够保证正常使用的时间。

4.5.5 市场上已经开发感知异常燃气压力或流量并切断燃气供气功能的安全产品,这些功能没有统一标准,制造单位应标识相关技术参数值以供设计和安装方使用。异常燃气压力或流量的设定值宜符合下列要求:

1 感知异常大流量的装置,宜选择燃气切断流量为安装设备额定流量的 $150\% \sim 200\%$。

2 感知异常低压的装置,宜选择燃气切断压力为燃气额定供气压力的 40%～50%。

    3 感知异常高压的装置,宜选择燃气切断压力为燃气额定供气压力的 150%～200%(或 10 kPa)。

    4 感知持续小流量燃气泄漏的装置应能自动检测或者人工操作能检测燃气管道和燃具或用气设备大于 20 L/h 泄漏。

4.5.6 燃气事故及火灾事故发生时常常伴随供电中断,发生事故时燃气切断阀应处于关闭状态,以防止燃气继续泄漏。

5 系统设计

5.1 液化石油气钢瓶、燃气管道、燃具和用气设备设置场所

5.1.1 本条执行国家标准《燃气工程项目规范》GB 55009—2021 中第 6.1.2、6.2.1 条的规定。

使用燃具和用气设备时用气场所应保证安全用气的通风量，通风量应满足设备燃烧所需空气供给、烟气排除和将空间的热量排除的需要，同时要保证操作空间良好的空气条件。当给排气设备故障或停用时有燃烧烟气聚集风险，应有附加安全措施。本条对相应要求进行了规定。

5.1.2 地下室、半地下室或通风不良场所烟气更易聚集，产生严重事故的风险更大，需要增加一重安全措施。

5.1.3 燃气使用场所要防止一旦燃气发生事故产生次生灾害，也要防止外界腐蚀性环境对燃气设备造成损坏引起燃气泄漏。

5.1.4 建筑外部的气流复杂，特别是高层建筑经常产生高风压区，阻碍燃具烟道的烟气排出，故不同建筑高度安装的使用烟道或排烟管的燃具应考虑不同的风压要求，以保证烟气排出。

5.1.5 本条执行国家标准《燃气工程项目规范》GB 55009—2021 中第 6.2.3 条的规定。根据液化石油气的火灾危险性，对设置场所进行限制。液化石油气钢瓶能量密度大，不适宜在高层建筑内使用。

5.1.6 液化石油气存放量依据消防管理部门和本市燃气管理部门的规定。液化石油气钢瓶标称充装总重量不超过 60 kg，按此要求，折合为在同一燃气器具或燃气设备使用空间，同时存放 50 kg 1 瓶以上或 15 kg 4 瓶以上钢瓶是不允许的。

5.1.7 钢瓶内液化石油气处于下部液态、上部气态的情况,如果钢瓶倒立,通过减压阀的将是液态液化石油气,其体积在离开钢瓶后将急剧膨胀,超出燃具负荷,进而可能引发火灾或爆炸。液化石油气钢瓶靠近热源会使瓶内液态液化石油气加速气化,瓶内蒸气压快速增加,当瓶内压力超过承压极限时会导致钢瓶附件损坏或钢瓶爆裂。因此,钢瓶放置地点需要远离热源与明火。

5.1.8 高层建筑如果发生事故,应急救援难度极大,需要更高的安全水平,在严重泄漏前应及时发现并切断气源。

5.2 用户端管道及附件设计

5.2.1 本条执行国家标准《燃气工程项目规范》GB 55009—2021 中第 5.3.11 条的规定。本条规定了管道阀门设置部位和方式。在发生事故、设备安装、检修时,阀门安装位置应方便切断燃气。

5.2.2 本条执行国家标准《燃气工程项目规范》GB 55009—2021 中第 5.3.1 条的规定。燃气压力越大,泄漏速度越快,故民用燃气输送和燃具应设计为低压燃气。我国通用型民用燃气用气设备标准基本设定额定压力,天然气为 2.0 kPa、液化石油气为 2.8 kPa 或 5.0 kPa(商用)。目前用户端燃气管道尚存在泄漏的风险与实例,除非在燃气管道、燃气设备及连接方式各方面采取更好的质量控制和防护措施,用户端燃气使用压力以较低为宜。

5.2.3 燃气管道的使用年限,不仅与选用的管道产品材料、壁厚、防腐性能有关,而且安装环境、安装工艺、连接方式与密封材料均会影响使用年限。

5.2.4 为避免燃气管道在使用过程中可能会受到冲击、撞击或挤压等外部力量作用,导致破裂、变形、磨损等问题而引发管道泄漏等事故,需对可能受到机械损伤的管道采取保护措施。

5.2.5 暗埋和暗封的燃气管道,不易检查,容易受到室内装修的损坏,需要一定的保护措施。

5.2.6 输送燃气的过程中可能会将杂质掺杂在燃气内,管道设计流速过大会对燃具或用气设备产生冲刷、磨损等损伤。

5.2.7 电气设备及电线电缆在绝缘失效的情况下触及燃气管道会引发管道的腐蚀或损坏,进而导致燃气泄漏,因此需要制定净距要求,净距不应小于国家标准《城镇燃气设计规范(2020年版)》GB 50028—2006 中表 10.2.36 的规定。排烟管或烟道排出的烟气温度较高,影响非金属管材的性能,高温会引起管道内燃气体积膨胀影响燃气压力的稳定性,净距参考国家标准《城镇燃气设计规范(2020年版)》GB 50028—2006 中第 10.7.6 条第 5 款。

5.2.8 燃气使用场所需要防止外界腐蚀性环境对燃气管道造成损坏引起燃气泄漏。当必须敷设于上述场所时,应采取相应的有效防腐蚀措施。

5.2.9 燃气管道穿过墙体、地板或楼板时会碰到房屋沉降、金属腐蚀、安装磨损等问题,为了满足管道使用年限的要求,应采取穿过非承重墙时加塑料套管、穿过承重墙时加钢套管、规定优化安装工艺及防腐等措施。这些措施也应经过使用年限的验证。

5.2.10 本条规定了软管最高允许工作压力的要求,参考国家标准《城镇燃气设计规范(2020年版)》GB 50028—2006 中第 10.2.8 条第 4 款要求。

5.2.11 非金属管材和非金属密封材料特别是铝塑复合管具有不耐火和塑料老化问题,因此对防机械损伤、防紫外线(UV)伤害、防热、环境温度、工作压力进行了规定。

5.3 燃具和用气设备布局及配置

5.3.1 燃具和用气设备在工作时,由于燃气的燃烧会形成高温区域。为避免引燃周围可燃物发生火灾,与燃气和用气设备高温区相邻的实体应为不燃材料,或者是具有防护措施的难燃材料。

5.3.2 燃具和用气设备是基于相应的排烟气条件设计的,因此正确配置排烟方式才能保证安全使用。

5.3.3 烟气的排除,除了燃具自带的风机产生排气动力外,烟道的阻力和抽力也会对排烟造成影响,烟道的设置应能保证烟气顺利排出室外。当用气设备使用独立烟道或者共用烟道时,分烟道与总烟道连接位置、烟道的水平和垂直距离都将影响排烟,设计时需要充分考虑。烟道设计不合理,在某些工况下会有烟气冷凝发生,冷凝水积存在烟道中会造成烟道排烟不畅,烟道会很快被腐蚀。

5.3.4 国家标准《建筑防火通用规范》GB 55037—2022 中第 4.1.3~4.1.5 条对锅炉房的布置和防火分隔作了具体规定,用气设备的设置要求原则上与锅炉房一致。

5.4 燃气计量表

5.4.1 本条执行国家标准《燃气工程项目规范》GB 55009—2021 中第 5.3.6 条的规定。燃气的种类、压力、环境温度、流量都会影响燃气计量表的计量准确性,燃气计量表的选型应充分考虑相关条件要求。

5.4.2 本条执行国家标准《城镇燃气设计规范(2020 年版)》GB 50028—2006 中第 10.3.2 条的规定。燃气计量表的安装位置应方便燃气供应单位定期抄表、安全检查及更换等工作,非密封环境可避免燃气计量表产生少量漏气造成安全隐患。为避免燃气计量表受安装环境腐蚀、高温、震动的影响,以及降低燃气泄漏后对人员的伤害,本条对燃气计量表安装位置作出了规定。

5.5 安全装置

5.5.1 本条执行国家标准《燃气工程项目规范》GB 55009—

2021 中第 6.2.1 条的规定。

5.5.2 可燃气体泄漏报警装置的传感器和报警阈值是针对不同类型燃气的,应根据用气场所燃气种类选择相应的气体泄漏报警装置。

5.5.3 燃具或用气设备不完全燃烧产生的一氧化碳是一种有毒气体,其气体种类和集聚场景不同于可燃气体。因此,为探测一氧化碳,应选用对应的一氧化碳报警装置。

5.5.4 可燃气体泄漏报警装置的安装对正常使用和发挥作用非常重要。目前相关单位主要参照现行行业标准《城镇燃气报警控制系统技术规程》CJJ/T 146 对城镇燃气报警控制系统进行设计安装。可燃气体探测器的设置位置应考虑燃具或其他设备产生的高温的影响,在燃具或设备工作时,探测器表面温升不应高于15 K,或距燃具燃烧火焰区域垂直投影外延水平净距——家庭环境:大于 0.5 m,商业环境:大于 1.0 m,距燃具高温表面净距大于0.2 m。可燃气体探测器的设置位置还应考虑设置空间的通风状况和燃气泄漏风险,当检测天然气时,可燃气体探测器与燃具或阀门的水平距离不宜大于 8 m,距顶棚垂直距离不大于 0.3 m;当检测液化石油气时,可燃气体探测器与燃具或阀门的水平距离不宜大于 4 m,距地面垂直距离不大于 0.3 m。

5.5.5 天然气商业用户和液化石油气瓶组供气管道输送的用气场所使用燃气频繁,安全隐患的出现概率更高,可燃气体泄漏报警装置在探测到燃气泄漏后,及时联动燃气安全切断阀进行切断气源,能有效控制事故蔓延,降低事故危害。安全切断阀动作后,应由工作人员确认事故隐患消除手动复位。安全切断阀的设置位置应根据使用场所的具体情况进行确定,总的原则是应安装在需保护的燃具和用气设备及管道的上游,通常设置在燃气引入管或总管上。

6 安装施工

6.1 用户端管道施工要求

6.1.1 燃气管道应合理固定,避免管道过度承受应力而变形损坏。

6.1.2 暗埋的管道使用机械连接和密封接头泄漏风险比较大。

6.1.3 本条规定了暗封燃气管道的要求。设置通气孔可防止泄漏的燃气在暗封处聚集。

6.1.4 金属管道、电线对雷电的感应有可能形成放电效应,金属燃气管道与之接触的话,会造成燃气管道或设备的损坏,因此需要阻止其接触或采取绝缘接头等措施。

6.1.5 燃气管道受到冲撞会造成燃气的大量泄漏,因此需要设置防撞措施保护燃气管道。

6.1.6 燃气管道的现场连接安装,不论螺纹连接、法兰连接还是卡套式连接,都应按相应的安装规范进行,保证在正常使用时不发生泄漏。

6.1.7 管道防护层的损坏会引起金属腐蚀,为防止管道穿过套管、管道上安装管卡等安装施工时损伤管道防护层,规定采取防护措施。加工螺纹破坏管道防腐层后,应采取措施。

6.1.8 本条执行国家标准《燃气工程项目规范》GB 55009—2021中第5.3.13条的规定。管道安装时应保护建筑的承重和耐火性能。

6.1.9 管道的强度试验和气密性试验是对管道抗外力和严密性的验证,试验范围应为引入管阀门至燃具接入管阀门(含阀门)之间的管道(含暗埋或暗封的燃气管道)和燃具前阀门至燃具之间的管道。强度试验和气密性试验方法可按行业标准《城镇燃气室内工程施工与质量验收规范》CJJ 94—2009 中第8章进行。

6.2 燃具和用气设备安装施工要求

6.2.1 燃具或用气设备的安装质量直接关系用户安全,燃具或用气设备应由具有资质的单位和人员进行安装,安装人员应经过产品制造商相关产品安装的培训,应能正确理解产品安装说明书。

6.2.2 本条规定了安装人员在安装燃具或用气设备前需检查的项目。

6.2.3 安装燃具或用气设备的基座或墙体应能承受其重量,安装前需核算基座、墙体的承载能力,如果承载能力不足,必须采取加固或附加支承结构。

6.2.4 管道、液化石油气钢瓶与燃具或用气设备的连接方式有多种,需要结合不同介质的特性和使用工艺条件确定。软管与燃具连接需严密可靠,螺纹加密封垫或其他防脱落结构形式可有效提高连接的安全性。燃具连接软管自身特性不适合穿越墙体、门窗、顶棚和地面。

6.2.5 安装说明书或设计文件是经制造单位确认验证后符合相关工程规范、产品标准等文件要求而制定的技术文件,它们对燃具或用气设备的安装具有指导作用,应严格按照安装说明书或设计文件的要求进行相应安装工作。

6.2.6 经烟道直接外排烟气经门窗洞口重新进入室内是燃具安装容易忽视的问题,极易引发用户一氧化碳中毒事故。行业标准《家用燃气燃烧器具安装及验收规程》CJJ 12—2013 中表 4.6.10 对烟道终端排气出口距门窗洞口的最小净距进行了规定。

6.2.7 鸟、鼠等生物做窝会堵塞排烟管,影响排气的通畅,现行国家标准《家用燃气快速热水器》GB 6932、《燃气容积式热水器》

GB 18111、《商用燃气燃烧器具》GB 35848 等标准均有末端排气口不能进入直径 16 mm 的球体的要求。

6.2.8 自然排气式燃具或用气设备垂直烟道是提供排烟动力的，所以应有足够长度且应高出或避开正压区。国家标准《城镇燃气设计规范（2020 年版）》GB 50028—2006 中第 10.7.7、10.7.8 条有相应的长度及烟道抽力要求。

6.2.9 燃具或用气设备烟道温度很高，为避免相邻可燃物发生火灾，应保持一定净距。净距要求参考国家标准《城镇燃气设计规范（2020 年版）》GB 50028—2006 中第 10.7.6 条第 5 款的要求。

6.2.10 燃具和用气设备安装时应按照设计图纸施工，并确认避免燃烧高温损坏周围材料造成危害。

6.2.11 金属包覆橡胶软管虽然有保护层，但内管橡胶材质在高温或接触火焰下易老化或碳化，失去气密性。

6.2.12 条文说明表 1 给出了符合不同标准的适合不同应用场景的燃气用具连接用软管。

6.2.13 在软管上使用三通增加了连接环节，进而增加了软管脱落风险，因此规定不得在软管上使用三通。

6.2.14 安装验收环节电子图像记录可方便质量验收，有利于验收记录的存档追溯。

6.2.15 液化石油气钢瓶储存的液化石油气能量大、用户用气场所环境复杂，发生泄漏的风险大。液化石油气供应单位实施配送和规范接装液化石油气钢瓶服务，供应合规液化石油气调压器，同时开展一定的安全检查，能有效提高液化石油气用气场所的安全水平。

6.3 燃气计量表安装施工要求

6.3.1 燃气计量表作为计量器具，对温度十分敏感。安装时一般距燃具燃烧火焰区域垂直投影外延水平净距,家庭环境大于 0.5 m,商业环境大于 1.0 m;距燃具高温表面净距大于 0.2 m;距燃具排烟管或烟道净距大于 0.8 m。

6.3.2 电气设备产生较强的电磁辐射会影响电子控制部件的正常使用,要防止电子控制部件在碰到紧急情况时无法正常动作。

6.3.3 燃气计量表的无线远传是实施燃气大数据分析、用户端燃气异常情况分析和及时处置的必要功能,信号的正常传输是该功能正常使用的前提条件。

6.3.4 安装说明书和设计文件是经制造单位确认验证后符合相关工程规范、产品标准等文件要求的技术文件,它们对燃气计量表的安装具有指导作用,应严格按照安装说明书和设计文件的要求进行相应安装工作。

6.3.5 表托支架是为了承接燃气计量表,防止燃气计量表接口由于受力原因断裂,引发泄漏等安全隐患。

6.3.6 燃气计量表的安装位置需要经过工程设计,应由燃气供气企业进行安装、拆卸施工,用户不能自行拆卸或移位。

7 特殊要求

7.1 家庭用户用气场所的特殊要求

7.1.1 本条对家用燃具的使用年限进行了规定。参考国家标准《家用燃气燃烧器具安全管理规则》GB 17905—2008 中第7.3.1条。

7.1.2 极冷天气冷空气从排烟管倒灌进热水器和燃气采暖炉，可能会导致燃气热水器和燃气采暖炉水路发生冻裂，造成热水器和燃气采暖炉漏水。上海地区虽然不是寒冷地区，但也有低温寒潮，应采取相应防冻措施。

7.1.3 现有各种器具产品标准内都有涉及使用中安全风险控制的要求。国家标准《家用燃气灶具》GB 16410—2020 对油温过热控制装置、熄火保护装置等要求进行了规定，《家用燃气快速热水器》GB 6932—2015 对防干烧安全装置、水气联动装置、熄火保护装置等要求进行了规定，《燃气采暖热水炉》GB 25034—2020 对过热保护装置、烟温限制装置、自动燃烧控制系统火焰监控装置等要求进行了规定。

7.1.4 国家标准《燃气工程项目规范》GB 55009—2021 严禁卧室等休息房间安装燃具、用户燃气管道及附件。浴室、卫生间属于潮湿和封闭环境，燃气计量表、燃气管道及连接处容易发生损坏且泄漏时形成爆炸气氛。

7.1.5 直排式燃具燃烧时需要消耗氧气并随之产生废气，具有自然通风的厨房或非居住空间能供给新鲜空气及排出废气。卧室属于封闭场所且人员休息时不易发现异常，安装燃具时需设门与卧室隔开。

7.1.6 燃气采暖热水炉和燃气热水器是大功率燃具，使用场所一定要通风良好,以降低事故风险。浴室、卫生间一般会关闭门窗形成密闭空间,使用半密闭式燃具会导致空间缺氧,影响燃烧,产生高浓度一氧化碳。

7.1.7 烟气中具有一氧化碳等有害气体,一旦烟道的密封失效,会对卧室中处在休息状态以及在浴室和卫生间封闭空间的人员造成较大风险。因此,在卧室、浴室和卫生间以外的空间设置燃具时,与燃具连接的烟道或烟管不应进入卧室、浴室和卫生间的空间内。

7.1.8 直排式热水器燃烧时所需的氧气取自室内,产生的废气也排放至室内;半密闭式热水器燃烧时所需的氧气取自室内,产生的废气排放至室外;密闭式热水器燃烧时所需的氧气取自室外,产生的废气排放至室外。热水器是大功率燃具,使用时消耗的空气和产生的废气量较大,应有风机强制排出烟气,并有足够的进风面积避免室内氧气缺乏,国家标准《家用燃气燃烧器具安装及验收规程》CJJ 12—2013 中对进风面积有具体规定。

7.1.9 无排烟道燃气燃烧直接取暖设备产生的废气也排放至室内,一般采暖时门窗紧闭形成密闭空间,会造成有害气体积聚、室内氧气缺乏等风险。

7.1.10 本条执行国家标准《燃气工程项目规范》GB 55009—2021 中第 6.3.1 条第 3～4 款的规定。吸油烟机排气道是自然排气烟道,且连通多家住户,强制排气的热水器不能作为排烟气通道。燃气热水器与使用固体燃料的设备,相应排气道设计不同,排烟道不能共用。

7.1.11 烟道长度超过设计最大长度,会影响燃具正常燃烧,可能产生高浓度一氧化碳,应严格按照安装说明书的要求进行相应安装工作。

7.1.12 燃具在工作时,相邻的实体应为不燃材料,或者是具有防护措施的难燃材料。净距要求参考国家标准《城镇燃气设计规范(2020 年版)》GB 50028—2006 中第 10.4.4 条第 3 款的要求。

7.1.13 燃气灶具工作时需要助燃用空气,非上进风结构的嵌入式燃气灶具安装在没有进风口的橱柜时,灶具嵌入的空间形成了密闭环境,不能保证该通风及燃烧所需的空气供给。

7.1.14 装有半密闭式热水器、采暖炉的房间进气面积参考国家标准《城镇燃气设计规范(2020 年版)》GB 50028—2006 中第 10.4.5 条第 3 款的要求。

7.1.15 燃气热水器、燃气采暖热水炉经常被装在橱柜中,除了需要足够的进风面积外,还要为维护、检修留出空间。

7.1.16 家用燃具的安装空间、给排气条件和周围材料防火性能一般较为有限,应限制家庭安装使用燃具的最大热负荷。

7.1.17 燃气热水器、采暖炉的烟管材料、强度和尺寸配合等对烟道密封性和保证烟气正常排出是非常重要的,通常产品制造企业会随机配一定长度烟管。在安装环节安装单位可能会自配部分烟管,但应确认符合制造企业对烟管的要求。安装说明书是经制造单位确认的技术文件,对燃具的烟道安装具有指导作用,应严格执行安装说明书的要求。

7.1.18 同燃具、燃气管道、烟管一样,卧室、浴室、卫生间不能放置液化石油气钢瓶。

7.1.19 由于家庭用户用气规模小、用气分散难于管理,对可燃气体泄漏报警装置和一氧化碳报警装置,鼓励家庭用户安装而非强制。

7.2 餐饮单位用气场所的特殊要求

7.2.1 本条执行国家标准《燃气工程项目规范》GB 55009—2021 中第 6.2.1 条的规定。餐饮单位用气场所通常在公共建筑内,安全要求高,且餐饮单位使用燃具种类多、热负荷大,要特别强调燃具应设置在满足其安全使用条件的场所,除本标准规定的燃具设置要求的供气条件、通风条件、烟气排除、环境条件,还要确认满足建筑消防领域等其他法律、法规、规范、标准,应严格履行工程项目的验收。

7.2.2 商业餐饮厨房通常空间较大,但自然通风换气能力较差,燃具大量热量需要排出,因此提出排气量的要求。沿街面的小型餐饮单位一般通风良好,家用抽油烟机可满足热负荷较低燃具的使用,使用热负荷大的燃具时需商用排风设施。

7.2.3 燃具的安装位置应便于使用、检修等工作。

7.2.4 参考国家标准《城镇燃气设计规范(2020 年版)》GB 50028—2006 中第 10.5.5 条的规定。炉膛和烟道形成封闭空间,一旦发生爆炸因空间约束对建筑和人员会产生较大伤害,为保证安全,应设泄爆口。

7.2.5 使用鼓风机进行预混燃烧的商用燃具,当燃烧炉膛封闭的情况下,鼓风机的风压有可能大于燃气管道压力,造成空气进入燃气管道形成爆炸气氛的风险,因此需采取措施防止混合气体进入燃气管道。

7.2.6 多台自然排气式燃具采用共用烟道,燃具没有风机提供风压,会产生倒烟、串烟,影响燃具正常燃烧。

7.2.7 小型餐饮单位用气场所规模较小、数量多,一般无法完全按照最严格的安全管理要求配制各类安全设备设施,为降低安全风险,室内容积热负荷不应过大,必须超过容积热负荷限制时应确定用气空间在工程完成和使用中能持续满足安全要求。

7.2.8 餐饮单位燃气设计通常将门窗作为通风面积,但门窗会关闭形成密闭空间,使用燃具会造成有害气体积聚、室内氧气缺乏等风险,因此规定了排风开启的要求。

7.2.9 餐饮单位应安装可燃气体报警装置是《中华人民共和国安全生产法》的要求。小型餐饮单位用气场所面积小、空间相对开放,对可燃气体泄漏报警装置的计量准确性、防爆要求等可以降低,住建部制定的现行国家标准《家用和小型餐饮厨房用燃气报警器及传感器》GB/T 34004 有小型餐饮用的报警装置产品类型。

7.2.10 可燃气体泄漏报警装置在探测到燃气泄漏后,及时联动排风装置进行燃气的排出,降低燃气的积聚,能有效控制事故蔓延,降低事故危害。